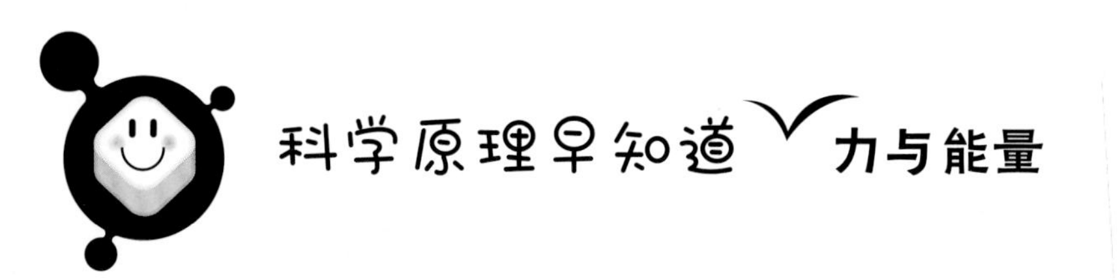

啪！掉下来了

[韩] 李美京　文
[韩] 金美奎　绘
罗兰　译

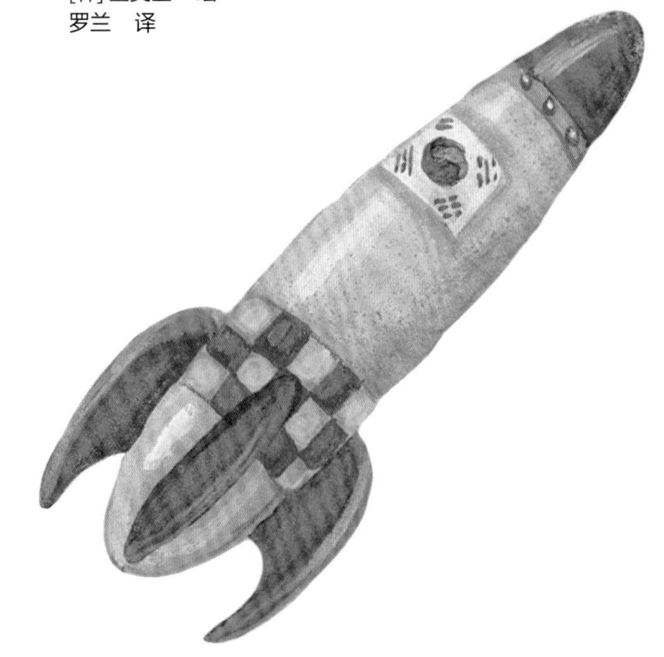

化学工业出版社
·北京·

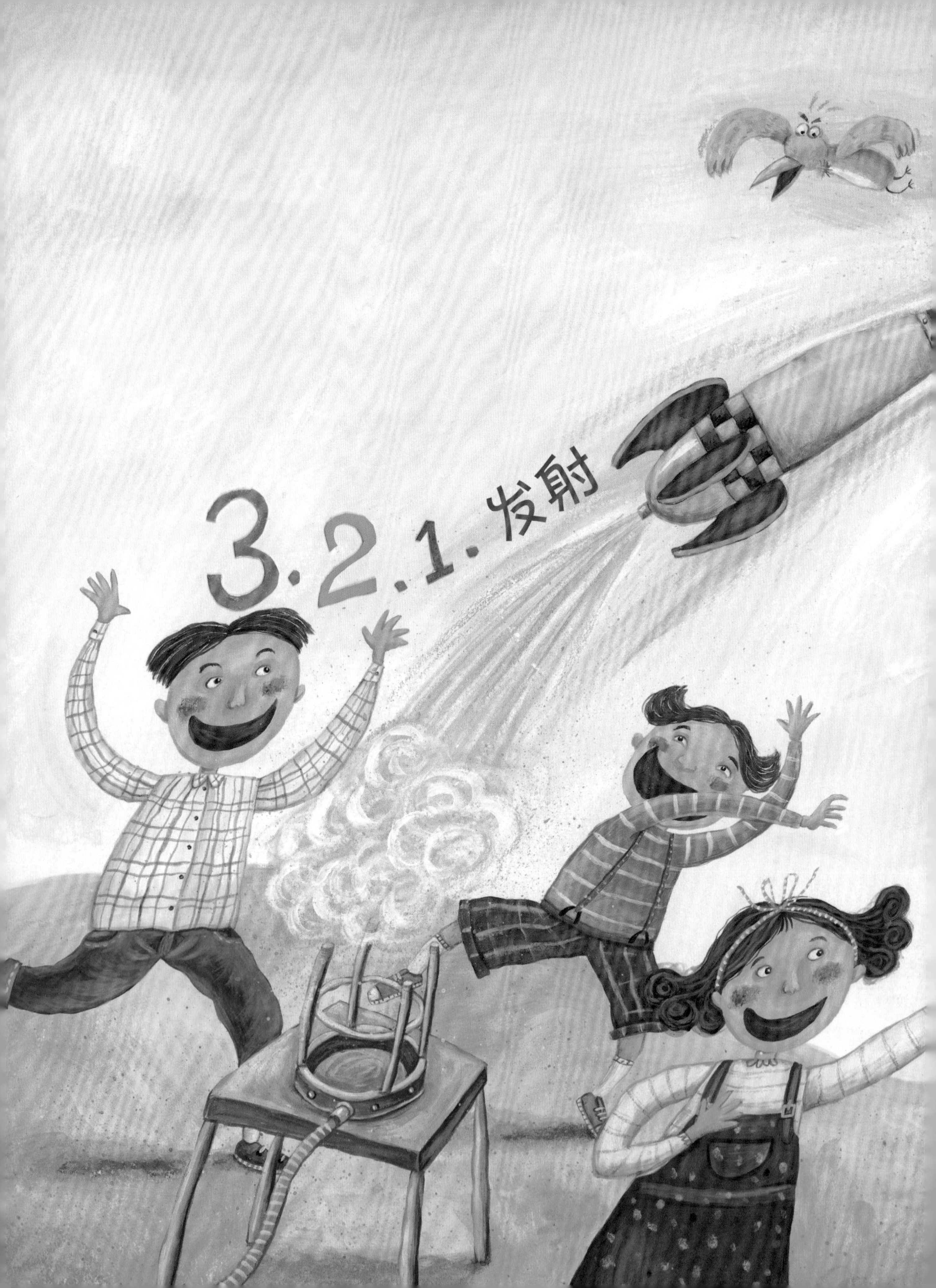
3.2.1.发射

小星的学校召开了水火箭发射大会。
“三，二，一，发射！”
“刺……嗖一声，水火箭就飞向了天空。
现在水火箭看上去只有棒球那么大了。
它飞得很高呢。
但是，
咻，啪！
过了一会儿，水火箭就开始往下掉了。
水火箭的降落伞打开，慢慢地落了下来。
水火箭为什么不继续飞，反而掉了下来呢？

水火箭没能继续飞，反而掉了下来。

小星去原理博士的实验室。

他在路上发现，喷泉的水总是向下掉的。

咻，啪！

孩子们扔出去的纸飞机也掉到了地上。

喷泉的水不能一直向上喷，纸飞机也不能一直向上飞，最后都会掉到地上。

“地球吸引着所有的物体。

所有的物体都会向地球中心下落。

地球的这种吸引力就叫做重力。”

所以水火箭、喷泉的水、纸飞机都会掉向地面。

所有的物体因为地球的引力都会落到地面上。这个力就叫做重力。

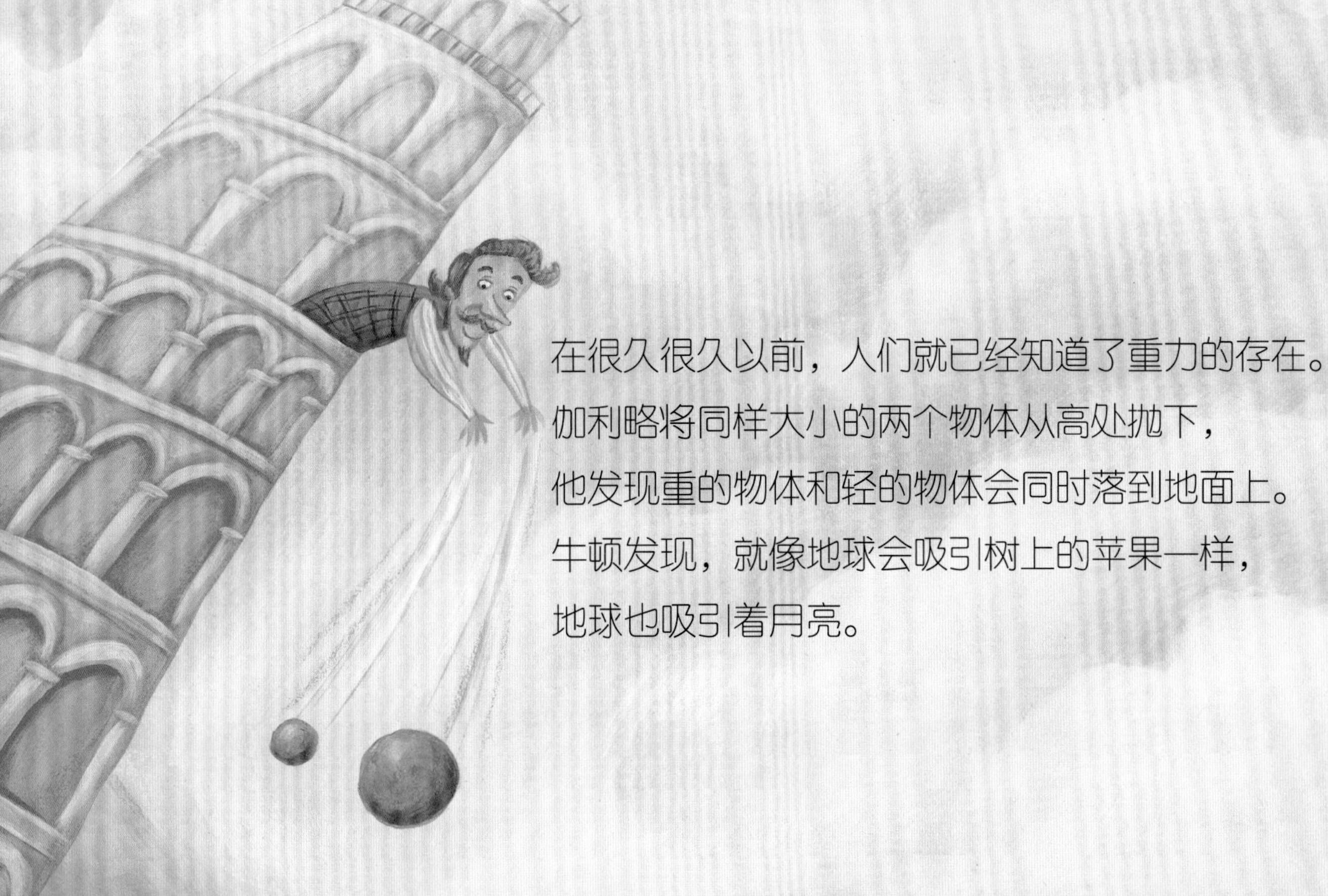

在很久很久以前，人们就已经知道了重力的存在。
伽利略将同样大小的两个物体从高处抛下，
他发现重的物体和轻的物体会同时落到地面上。
牛顿发现，就像地球会吸引树上的苹果一样，
地球也吸引着月亮。

伽利略（1564-1642）是意大利的物理学家、天文学家。他研究发现，从高处落下来的物体与重量无关，会同时落地。他还通过研究发现，地球是围绕着太阳旋转的。

牛顿（1643-1727）是英国的物理学家、天文学家。他研究发现，所有物体之间都有相互吸引的力（万有引力）。他还制造出天文望远镜用来观察宇宙。

地球也吸引着月亮。

给你们讲一下在原理博士那里听到的一些有趣的故事吧。

所有的物体都有吸引力。

地球吸引着我，我也吸引着地球。

我吸引着朋友，朋友也吸引着我。

地球和太阳、星星和星星之间都相互吸引着。

这样相互吸引的力就叫做万有引力。

地球的重力也是万有引力的一种。

不仅地球，所有的物体之间都有相互吸引的力。

“地球的吸引力能够切实地感受到，
但是为什么感受不到博士和我之间相互吸引的力呢？”
小星好奇地问道。

“与地球的重力比起来，小星和我之间互相吸引的力就太小了，所以感受不到。建筑的吸引力也是如此。”

“呼，真是太好了！走路的时候不会被大的建筑吸过去了。”

因为重力很大，而物体之间的万有引力很小，所以是感受不到的。
和重力一样，相互吸引的物体越大，万有引力就越大。

“地球的重力在哪里都是一样的吗？”小星又问道。

“重力是离地球中心越远就越小。
站在离地球中心最远的珠穆朗玛峰峰顶上的人与
站在离地球中心比较近的地面上的人相比，
受到地球的重力更小。”

站在珠穆朗玛峰峰顶上的人受到的重力会更小。
珠穆朗玛峰
8848M

重力的大小根据物体的质量不同而有所不同。

物体的质量越大，重力就越大。

所以胖人比瘦人受到的重力更大。

物体所含物质的多少叫做质量。

重量指的是带有质量的物体所受到的重力。

质量越大的物体受到的重力就越大，所以重量也就越大。

越靠近地球中心、物体的质量越大，重力就会越大。

“博士，为什么小鸟不会掉下来，能在天空中飞翔呢？”

小星看着空中飞翔的小鸟问道。

“因为小鸟在挥动翅膀。

小鸟在挥动翅膀的时候，会把很多空气向下推，这样就产生了向上的力。

这个力如果比它受到的重力大，小鸟就可以飞起来了。”

空气很多的话，空气的力量也会变大。空气少的话，这个力量就会变小。所有的物体都是从空气多的地方向空气少的方向移动。我们所熟悉的风也是这样移动的。

鸟挥动翅膀，产生了比重力更大的向上的力，所以不会掉下来。

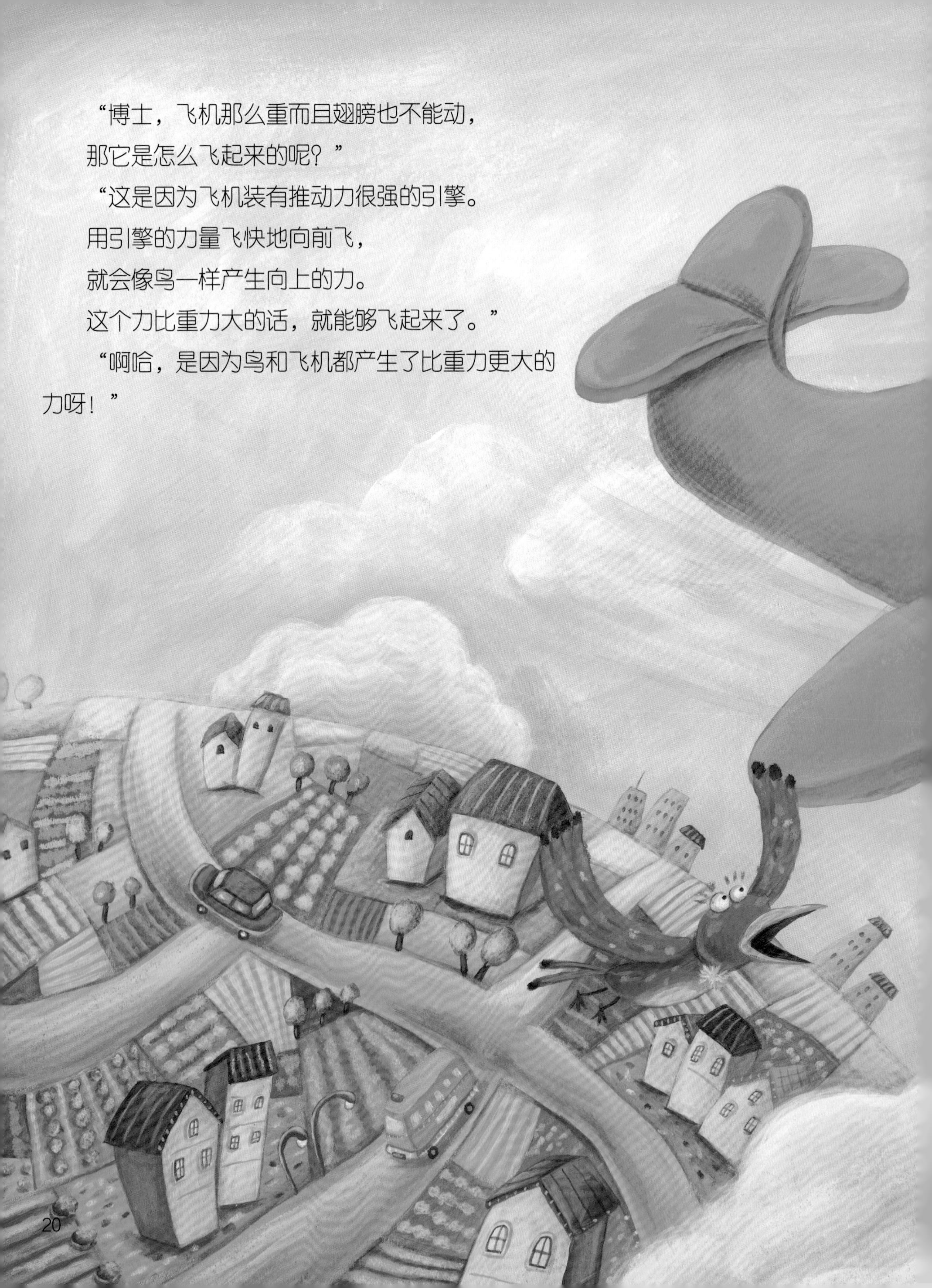

“博士，飞机那么重而且翅膀也不能动，
那它是怎么飞起来的呢？”
“这是因为飞机装有推动力很强的引擎。
用引擎的力量飞快地向前飞，
就会像鸟一样产生向上的力。
这个力比重力大的话，就能够飞起来了。”
“啊哈，是因为鸟和飞机都产生了比重力更大的力呀！”

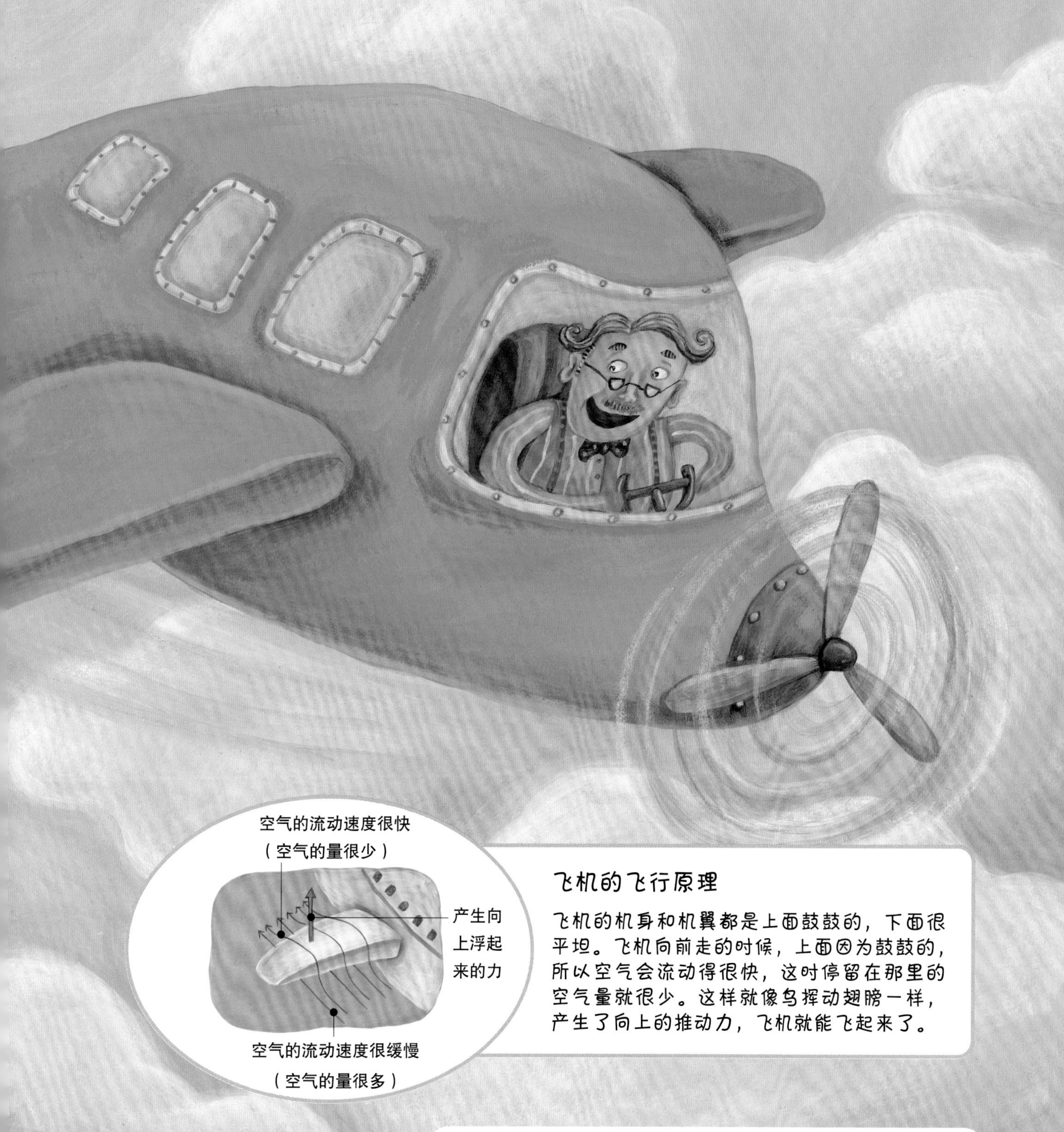

飞机的飞行原理

飞机的机身和机翼都是上面鼓鼓的，下面很平坦。飞机向前走的时候，上面因为鼓鼓的，所以空气会流动得很快，这时停留在那里的空气量就很少。这样就像鸟挥动翅膀一样，产生了向上的推动力，飞机就能飞起来了。

飞机的引擎可以产生比重力更大的上升力，所以飞机不会掉下来。

“如果地球的重力消失了，会发生什么呢？”

听到博士的提问，小星陷入了沉思。

如果没有了重力，好像就要有大麻烦了。

世界上所有的东西都会飘到宇宙当中去。

我们呼吸的空气、海水、我们的家、土地，

就连围绕着地球旋转的月亮都会跑掉。

地球没有了重力，人类就无法生存了。

如果没有了重力，所有的物体都会飘到宇宙中。

金星、火星、木星上面也存在重力。

当然月球上面也存在重力。所有的行星上都存在重力。

但是重力大小都有所不同。这是因为行星的大小不同，吸引力也会有所不同。

如果地球的重力是 1，那么比地球大的木星的重力就是地球的 2.5 倍。
比地球小的月球的重力只有地球的六分之一。
小星的妈妈体重是 60 公斤，她如果去月球上，体重就只有 10 公斤了。
但是她如果去木星，体重就会达到 150 公斤。
因为太重了，走路都会很费力。

在不同星球上物体所受重力不同，重量也会有所不同。

重力就在我们身边。

因为有重力，我们才能踩在地上行走，

也能坐汽车飞驰，还能踢足球、打棒球。

如果没有了重力，汽车和球都会飘到宇宙中去。

夏天的暴雨、秋天的落叶、冬天的鹅毛大雪，

这些落向地面的所有东西都是重力给我们的礼物！

因为有了重力，我们所需要的东西都停留在地球上。

通过实验与观察了解更多

哪个会先落地呢？

所有的物体都会向下掉。
这是因为地球吸引着这些物体。
所有的物体都会同时落地吗？
试试看重的物体和轻的物体哪一个会先落地。

实验材料　大小相同、质量不同的物体（玻璃球 1 个、铁球 1 个）

实验方法

1. 让玻璃球和铁球在同一高度下落。这时不要用力，让物体自然下落。
2. 观察哪个球会先落地。如果下落的速度太快，就多次实验进行观察。

实验结果

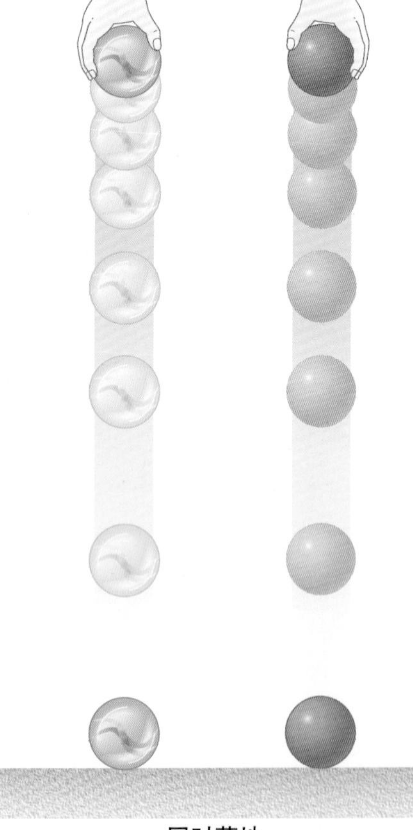

同时落地

为什么会这样呢？

我们已经了解到物体因为重力的作用会向下掉落。但是为什么质量不同的物体会同时落地呢？

在伽利略进行实验之前，人们认为 10 倍重的物体会以比轻的物体快 10 倍的速度下落。

但是就像实验结果一样，重的物体和轻的物体是同时落地的，这正是因为重力。物体越重受到的重力就越大，物体越轻受到的重力就越小。

不过物体越重带有对抗重力的性质（惯性）就越强。所以重的物体和轻的物体会同时落地。

让质量相同、大小不同的物体从高处下落，哪一个会先落地呢？

我们已经知道大小相同、质量不同的物体会同时落地。
那么质量相同、大小不同的物体也会同时落地吗？
下面让我们通过实验来验证。

实验材料　2 张 16 开的纸

实验方法

1. 把一张纸多次折叠，另一张纸保持原样。
2. 让折过的纸和没折的纸同时从高处下落。
3. 观察哪一个会先落地。

实验结果

折过的纸先落地了。

为什么会这样呢？

为什么折过的纸先落地了呢？这是因为空气的阻力。与空气的接触面积越大，空气阻力就越大。所以质量相同但是面积更大的纸会下落得更慢。降落伞就是利用这个原理制作的。当然，如果没有空气的阻力，所有的物体都会同时落地。

我还想知道更多

问题 质量和重力有什么关系呢？

质量是
25 千克

重量是
25kg 重。

质量指的是组成物体的物质的多少，与物体所处的位置无关，是固定的。质量的计量单位是克、千克（公斤）。但是重力的大小会根据物体所处的位置而发生变化。重力的计量单位是牛顿。

例如，在地球上质量是 60 千克的物体，它受到的重力就是 600 牛顿。如果把这个物体放到月球上，它受到的重力就会变成 100 牛顿。因为地球的重力是月球的 6 倍。但是在月球上物体的质量是不变的。

质量和重力虽然有不同的意义，但它们是成比例的。物体的质量越大，所受的重力就越大。

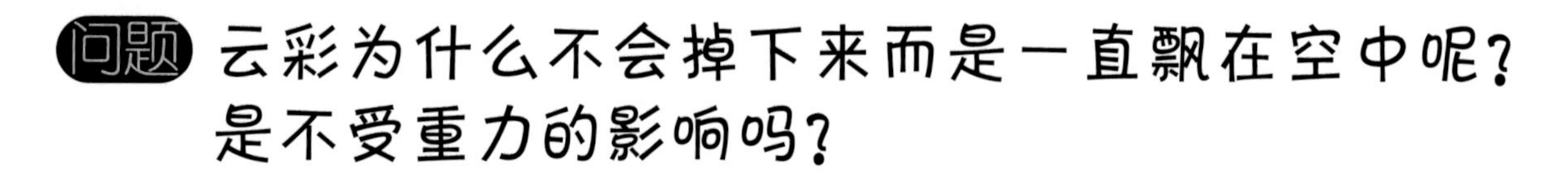

问题 云彩为什么不会掉下来而是一直飘在空中呢？是不受重力的影响吗？

云彩当然也会受到重力的影响。但是它是怎么飘浮的呢？想要知道原因，我们就要先了解云彩是怎么形成的。热的空气和水蒸气一起上升到空中，遇到冷空气后冷却就会形成小水滴或者小冰粒，它们聚集起来就形成了云彩。每个组成云彩的水滴和冰粒就叫做“云彩粒子”。因为云彩粒子的质量很轻，所以受到重力的影响也很小。

云彩下面因为有向上吹的风，所以云彩粒子就不会落下来。这样云彩看起来就是一直飘在空中的。但是如果云团变大，所受的重力也会变大，就会变成雨，落到地面上。

问题 真空状态和失重状态有什么区别呢？

真空状态指的是没有空气的状态。失重状态并不是没有重力，而是指感受不到重力的状态。这和真空是不同的概念。

例如，宇宙飞船中虽然是失重状态，但并不是真空状态，需要一直供给新鲜的空气。如果宇宙飞船内没有空气，宇航员们就无法呼吸也无法饮水。没有了空气的力所产生的差值，吸管就无法使用。

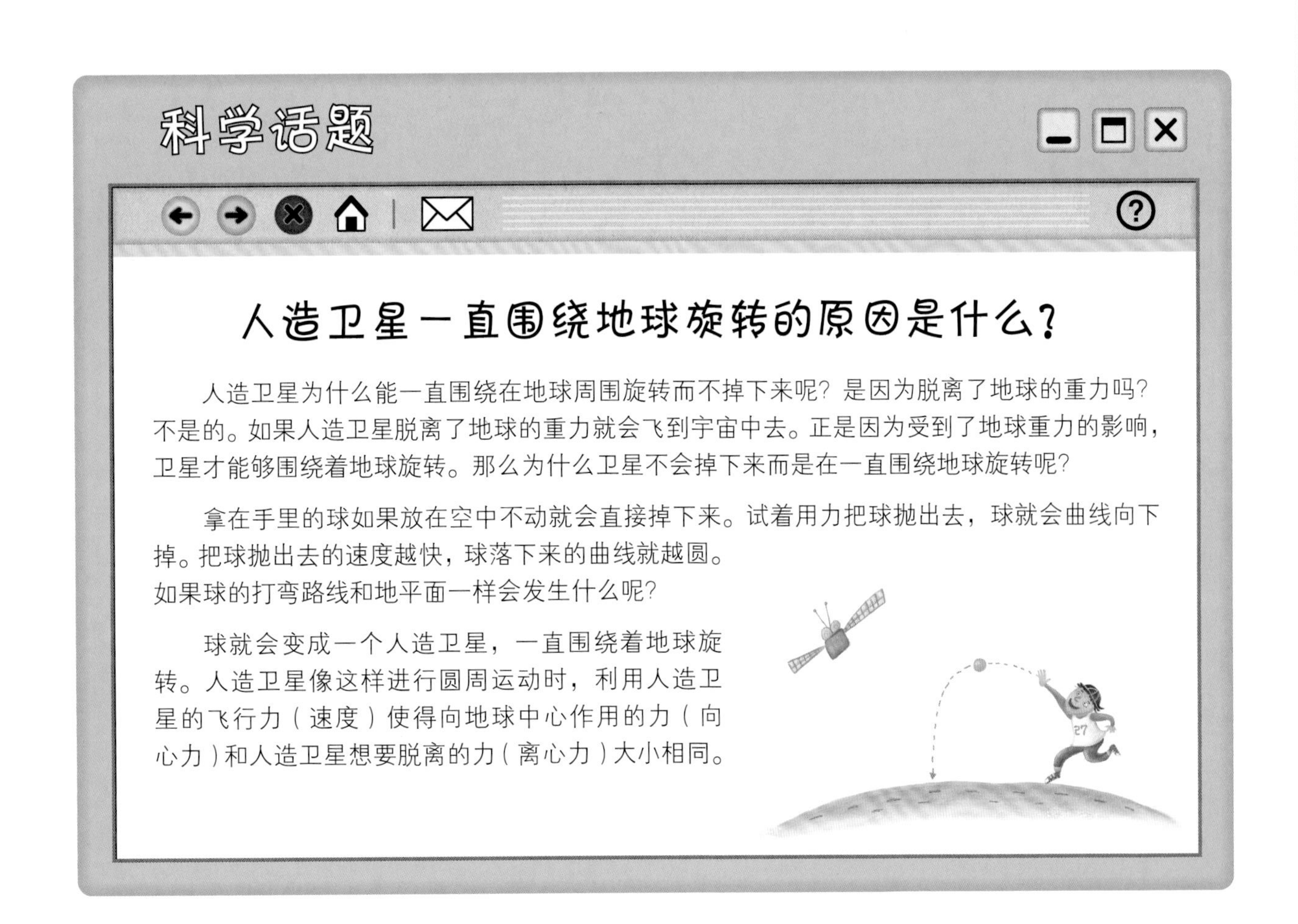

科学话题

人造卫星一直围绕地球旋转的原因是什么？

人造卫星为什么能一直围绕在地球周围旋转而不掉下来呢？是因为脱离了地球的重力吗？不是的。如果人造卫星脱离了地球的重力就会飞到宇宙中去。正是因为受到了地球重力的影响，卫星才能够围绕着地球旋转。那么为什么卫星不会掉下来而是在一直围绕地球旋转呢？

拿在手里的球如果放在空中不动就会直接掉下来。试着用力把球抛出去，球就会曲线向下掉。把球抛出去的速度越快，球落下来的曲线就越圆。如果球的打弯路线和地平面一样会发生什么呢？

球就会变成一个人造卫星，一直围绕着地球旋转。人造卫星像这样进行圆周运动时，利用人造卫星的飞行力（速度）使得向地球中心作用的力（向心力）和人造卫星想要脱离的力（离心力）大小相同。

这个一定要知道！

阅读题目，给正确的选项打√。

1 水火箭向上飞行一段距离后会掉到地上。这是为什么呢？

- □地球吸引着水火箭
- □因为水火箭很轻
- □空气阻碍着水火箭
- □空气推动着水火箭

2 地球吸引着物体的力叫做什么？

- □重力
- □摩擦力
- □弹力
- □惯性

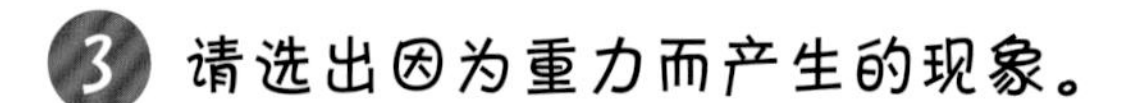

3 请选出因为重力而产生的现象。

- □纸飞机会落向地面
- □飞机飞向天空
- □人造卫星一圈圈地绕着地球旋转
- □雨从空中落下来

4 以下受到重力最大的是哪个？

- □体重 100 公斤的摔跤运动员
- □体重 60 公斤的妈妈
- □在珠穆朗玛峰山顶的小星
- □站在地面上的小星（30 公斤）

1. 地球吸引着水火箭/2. 重力/3. 纸飞机会落向地面，人造卫星一圈一圈地绕着地球旋转，雨从空中落下来/4. 体重 100 公斤的摔跤运动员

科学原理早知道  力与能量

推荐人 朴承载 教授（首尔大学荣誉教授，教育与人力资源开发部 科学教育审议委员）
作为本书推荐人的朴承载教授，不仅是韩国科学教育界的泰斗级人物，创立了韩国科学教育学院，任职韩国科学教育组织联合会会长。还担任着韩国科学文化基金会主席研究委员、国际物理教育委员会（IUPAP-ICPE）委员、科学文化教育研究所所长等职务。是韩国儿童科学教育界的领军人物。

推荐人 大卫・汉克（Dr. David E. Hanke）教授（英国剑桥大学 教授）
大卫・汉克教授作为本书推荐人，在国际上被公认为是分子生物学领域的权威，并且是将生物、化学等基础科学提升至一个全新水平的科学家。近期积极参与了多个科学教育项目，如科学人才培养计划《科学进校园》等，并提出《科学原理早知道》的理论框架。

编审 李元根 博士（剑桥大学 理学博士 韩国科学传播研究所 所长）
李元根博士将科学与社会文化艺术相结合，开创了新型科学教育的先河。
参加过《好奇心天国》《李文世的科学园》《卡卡的奇妙科学世界》《电视科学频道》等节目的摄制活动，并在科技专栏连载过《李元根的科学咖啡馆》等文章。成立了首个科学剧团并参与了“LG科学馆”以及“首尔科学馆”的驻场演出。此外，还以儿童及一线教师为对象开展了《用魔法玩转科学实验》的教育活动。

文字 李美京
在首尔教育大学毕业后，现担任首尔一新小学的一线教师。致力于儿童科学教育，积极参与小学教师联合组织“小学科学守护者”。并在小学教师科学实验培训、科学中心学校等机构担任讲师。为了让孩子们能够学到有趣的科学知识与科学实验而不断地探索中。

插图 金美奎
在檀国大学新闻影像专业毕业后，成为了韩国美术协会以及“蝴蝶”的会员。同时作为一名插画家，致力于创作出用丰富的色彩来体现出梦幻的氛围的图画，从而提高孩子们的创意能力。代表作品有《狮子与理发师》《朴氏夫人传》《肿疙瘩老头和沙包》《盲人与牛奶》《无赖鬼的故事》等。

北京市版权局著作权合同版权登记号：01-2022-3381

图书在版编目（CIP）数据

啪！掉下来了 / (韩) 李美京文；(韩) 金美奎绘；罗兰译. —北京：化学工业出版社，2022.6
（科学原理早知道）
ISBN 978-7-122-41012-2

Ⅰ. ①啪… Ⅱ. ①李… ②金… ③罗… Ⅲ. ①重力—儿童读物 Ⅳ. ①O314-49

中国版本图书馆CIP数据核字（2022）第047722号

责任编辑：张素芳
责任校对：王 静
封面设计：刘丽华
装帧设计：溢思视觉设计 / 程超

出版发行：化学工业出版社
（北京市东城区青年湖南街13号 邮政编码100011）
印 装：北京华联印刷有限公司
889mm×1194mm 1/16 印张2¼ 字数50千字
2023年1月北京第1版第1次印刷

购书咨询：010-64518888
售后服务：010-64518899
网 址：http://www.cip.com.cn
凡购买本书，如有缺损质量问题，本社销售中心负责调换。

定 价：25.00元